DESINTOXICACIÓN PASO A PASO

DESINTOXICACIÓN PASO A PASO

DÉSIRÉ MÉRIEN

manuales integral

Desintoxicación paso a paso

Redacción de textos: Désiré Mérien
Traductora: María Sarsanedas
Diseño de colección: Josep Solà
Fotografía de cubierta: Tony Stone
Compaginación: Pacmer, S. A. (Barcelona)

Ref.: MI-46 / ISBN: 84-7901-556-X
Depósito Legal: B-28.021-2000
Impreso por Novoprint (Barcelona)

ÍNDICE

¿Qué es la toxemia? 7
Los órganos de los sentidos 10

La desintoxicación por etapas 13
El principio de las etapas alimentarias 13
La práctica de la desintoxicación por etapas 15

La fuerza regeneradora del organismo 29
La regeneración celular 29
La autolisis 32
La regeneración orgánica 32
Los reajustes funcionales 33

Algunas indicaciones para la terapia de desintoxicación 35
Las regeneraciones durante la terapia 35
La desintoxicación en caso de enfermedad 42
¿Quién puede desintoxicarse? 43

La desintoxicación permanente 49
Las tres fases de la desintoxicación 49
Las terapias sucesivas 50
El concepto de la desintoxicación permanente 51
Los resultados 52
Conclusión 55

Las recetas más depurativas 57
Ensalada bretona 59
Ensalada de lentejas 60
Ensalada de berros y otras hortalizas verdes 60

Patatas al horno o calabaza al horno 61
Canapés de zanahorias 62
Canapés de pepino 62
Pastel de verduras 63
Masa quebrada para tarta 64
Hoja de col rellena 64
Ensalada de arroz integral con verduras 65
Empanadillas de arroz integral con verduras . . 65
Mijo con zanahorias 66
El mijo (receta base) 66
Paté de aceitunas negras sin cocción 67
Paté vegetal (con cocción) 67
Pasta de zanahorias y pasta de berros 68
Ensalada de espárragos verdes 69
Ensalada de germen de soja 70
Ensalada de hierba de los canónigos con
germen de trigo 70
Verduras gratinadas 72
Judías verdes con perejil 72

¿QUÉ ES LA TOXEMIA?

La toxemia es la intoxicación de las células del organismo. ¿A qué se debe?

La mayoría de los alimentos vegetales o animales que consumimos se produce con sustancias químicas sintéticas, que los debilita. Posteriormente se tratan con otros productos químicos y se les añaden aditivos alimentarios (colorantes, saborizantes, conservantes, etcétera).

Todas estas sustancias extrañas, no deseables en la alimentación, intoxican nuestras células. Este proceso se denomina *toxemia exógena.*

Nuestro organismo es una gran fábrica donde son procesados los alimentos que absorbemos.

Por ejemplo, las células utilizan azúcares para producir calor y energía. Entonces aparecen desechos: en este caso dióxido de carbono (antiguamente llamado anhídrido carbónico), gaseoso, y agua. Ambas sustancias se transportan por la sangre hasta los pulmones y se expulsan a la atmósfera.

De este modo, todos los residuos resultantes de los procesos habituales de nuestro organismo también intoxican nuestras células de forma natural. Esta toxemia procedente del interior se denomina *toxemia endógena.*

Por tanto, hagamos lo que hagamos, nuestro organismo está constantemente «envenenado», aunque nos preocupemos por reducir al mínimo la toxemia exógena. Pero la naturaleza nos ha dotado de órganos eficaces capaces de enfrentarse a la continua intoxicación de nuestro organismo. Son los órganos excretores, principalmente el hígado, los riñones, los pulmones, la piel y los intestinos. Pero cualquier parte del organismo puede convertirse provisionalmente en un órgano complementario de desintoxicación.

Habitualmente, la desintoxicación orgánica se efectúa de forma correcta. Nuestra energía vital es suficiente y nuestros órganos excretores funcionan bien, lo que indica que gozamos de buena salud.

Pero el desarrollo de la vida no es siempre perfecto. A veces la alimentación está desequilibrada, compuesta por alimentos de no muy buena calidad, y sufrimos tensiones profesionales, afectivas, sociales, etcétera, que consumen una parte importante de nuestra energía vital.

Si esta energía no es suficiente, las funciones principales del organismo sufrirán, y en particular la de eliminación de las toxinas.

Entonces la toxemia aumenta hasta superar, a veces, el umbral de tolerancia toxínica que cada persona posee. Cuando se franquea este umbral, se dispara una alarma general en el organismo: aparece el síntoma de la enfermedad.

De este modo, el transtorno se presenta como una eliminación complementaria del excedente de toxemia acumulado en el organismo.

Sin embargo, mucho antes de que la toxina se manifieste, aparecen numerosos signos de aviso que no sabemos o no queremos interpretar.

A continuación se describen brevemente algunas señales de toxemia.

En una situación normal, la **temperatura** corporal se acerca a los 37° C. Si es superior, el organismo acelera su eliminación toxínica. Debemos saber que la fiebre es un proceso de desintoxicación aumentado. Hay que tomar precauciones para evitarla. Son comunes las sensaciones de frío, particularmente en los pies, las manos y la nariz, que indican una insuficiencia energética y, por tanto, una toxemia demasiado elevada.

El **sudor** es una evacuación normal de los residuos orgánicos, a través de las glándulas sudoríparas de la piel. Esta actividad es importante cuando la temperatura ambiental supera los 26° C. Se concentra sobre todo en la frente y el tórax.

Pero cuando el sudor aparece con temperaturas de 20° C o inferiores en las manos o los pies, es indicativo de una toxemia corporal excesiva.

La **orina** normalmente es clara y de olor neutro durante el día, siendo un poco más oscura por la mañana debido a la actividad depurativa del organismo durante la noche.

Pero si la orina es siempre oscura y de olor muy intenso, significa que hay una toxemia bastante elevada.

El **aliento** normalmente debe ser fresco y sin olor. Cuando huele ligeramente e incluso mal, señala eliminaciones toxínicas aceleradas en el pulmón o en el sistema digestivo.

Los olores pulmonares son un poco agrios, los digestivos malolientes.

La **lengua** normalmente debe ser de color rosado. Si presenta un color blanco, y a veces lo que es peor, rojo, indica un esfuerzo de eliminación toxínica que se está realizando en el tubo digestivo, particularmente en el tracto intestinal.

A esta coloración la acompaña una sensación de boca pastosa.

La **mucosidad** emitida por los bronquios es prácticamente inexistente en una persona que goza de buena salud.

Cuando se expectora abundantemente, se está realizando una eliminación toxínica complementaria acelerada a través de los bronquios.

El **apetito** tiene que ser regulado y no deben haber excesos de ningún tipo. La falta de apetito revela una toxemia excesiva y es la expresión de la tendencia de regeneración natural del organismo.

Su exceso indica también una toxemia elevada y una tendencia al bloqueo de su eliminación.

El **peso** es un barómetro de la salud. En el lactante, niño y adolescente, normalmente va en aumento, pero en el adulto generalmente es estable.

Una pérdida de peso importante indica una fuerte eliminación toxínica y, por consiguiente, una toxemia severa.

Un exceso de peso a menudo es consecuencia de demasiada tensión. Por consiguiente, el organismo intenta hallar compensaciones y engendra un exceso de toxemia que puede resultar peligroso.

Las **deposiciones** normalmente deben ser moldeadas e inodoras.

El estreñimiento es síntoma de una insuficiencia energética y una toxemia demasiado elevada. Hay que comprender este mensaje del organismo que indica que no se debe forzar el intestino grueso, para proceder a una desintoxicación eficaz y una revitalización energética del organismo. La diarrea indica una evacuación toxínica acelerada que hace necesario que el aparato digestivo repose.

El **pulso**, es decir las pulsaciones cardíacas, normalmente es regular y tiene una frecuencia entre sesenta y sesenta y dos pulsaciones por minuto.

Una aceleración del pulso indica un intento del propio organismo de eliminar una toxemia demasiado elevada.

LOS ÓRGANOS DE LOS SENTIDOS

- La vista ha de ser normal, clara y constante. Una pérdida de agudeza visual es indicativa de una toxemia elevada. Se hace imprescindible desintoxicarse o la pérdida podría volverse definitiva. El color amarillo de la esclerótica (el blanco de los ojos) es señal de un hígado perezoso; la profusión de vasos sanguíneos indica un excesivo trabajo de los riñones. En este caso es urgente desintoxicar y regenerar estos órganos.

- El oído también es sensible a un exceso de toxemia, igual que el olfato y el gusto. Si el tacto se entorpece, la situación es grave y debemos desintoxicar.

Los **ganglios** están situados en las axilas y en las ingles. Habitualmente no se notan pero, si duelen al presionarlos, es síntoma de una toxemia importante.

El **dolor** suele aparecer como un aviso de que la toxemia ha superado el umbral de tolerancia del organismo y que es urgente desintoxicarlo.

Para concluir la presentación de estos signos toxémicos, añadiremos que si el organismo presenta muchos de ellos, la desintoxicación se hace imprescindible.

A continuación, veremos cómo proceder a esta depuración.

La toxemia proviene de sustancias residuales que están presentes en las células del organismo. En concentraciones excesivas son la causa fundamental de la aparición de los síntomas de la enfermedad.

LA DESINTOXICACIÓN POR ETAPAS

EL PRINCIPIO DE LAS ETAPAS ALIMENTARIAS

Una vez identificada la toxemia excesiva nos falta conocer el método de desintoxicación que aportará los mejores resultados.

Ahora presentaré el método de desintoxicación por etapas que desarrollé en mi centro terapéutico Nature et Vie hace treinta años. Miles de personas han seguido este método y eso garantiza su seriedad.

La alimentación tiene como objetivo asegurarnos tanto la energía como el peso necesarios. Por lo que siempre existe un equilibrio entre la ración alimentaria y el peso.

Así pues, la sobrealimentación acarrea generalmente un exceso de peso y la subalimentación una pérdida. Con todo, también hemos de tener en cuenta la predisposición genética de cada uno.

Cuando disminuimos el consumo de alimentos, la primera consecuencia es un alivio en el proceso de la digestión.

La energía vital no utilizada para digerir influye generalmente en la función de eliminación de las toxinas que son expulsadas de un modo más eficaz y provocan una pérdida de peso.

En un régimen alimentario restringido también se observará una pérdida de peso diaria. Pero, cuando una parte importante de las toxinas se haya evacuado en este régimen restrictivo, suele llegarse al cabo de unos días. Esta nueva relación entre la ración alimentaria reducida y el nuevo peso estable se llama etapa alimentaria.

Durante la terapia se procede a una nueva restricción alimentaria que pronto culminará en un nuevo peso estable. A continuación se restringe de nuevo la alimentación hasta una dieta líquida, que mantendremos permanentemente. El ayuno seco no es bueno, ya que con él se corre el riesgo de perjudicar a los riñones si el organismo, por diversas razones, no restituye suficiente agua desde los tejidos para permitir la filtración renal.

Ésta es la base de la desintoxicación por etapas.

Cuando comencé a prescribir curas de desintoxicación hace una treintena de años, procedí como los demás profesionales en el tema. Propuse una reducción alimentaria intelectualmente razonable, y luego el ayuno. Todo el mundo coincidía en que los tres primeros días eran los más difíciles. Forzosamente, la eliminación era demasiado acelerada y ello se traducía en la aparición de cefaleas, náuseas, dolor en los riñones, etcéctera.

A veces el dolor era difícilmente soportable, pero esto no era lo peor. Durante la intensa depuración que se producía, los órganos excretores (hígado, riñones, pulmón, piel), en ocasiones trabajaban por encima de sus posibilidades. En estas situaciones de paroxismo se podían producir incidentes –e incluso accidentes– que por suerte no tuve que observar.

Esta violencia en la eliminación aparece esencialmente en las personas muy toxémicas. Así pues, se deben tomar medidas de precaución.

Con el método de las etapas alimentarias, todo funciona de forma diferente. Cada restricción favorece de modo razonable una eliminación adecuada. El cuerpo determina el número de días necesarios para establecer cada etapa y administra bien sus funciones. Así se pasa del equilibrio alimentario a la desintoxicación final.

Esto revolucionó el modo de desintoxicar, y ninguno de nuestros numerosos pacientes quiso, desde entonces, proceder de otra forma. Actualmente siempre seguimos estos principios de sentido común y seguridad.

LA PRÁCTICA DE LA DESINTOXICACIÓN POR ETAPAS

Los regímenes de desintoxicación

Expuesto ya el principio de la desintoxicación por etapas, veremos su práctica concreta.

Los regímenes de desintoxicación que preconizamos son higienistas. Tienen en cuenta la especificidad de los alimentos, el equilibrio de las ingestas y las compatibilidades alimentarias. Todos estos aspectos se desarrollan en mi publicación *Equilibrez votre poids et votre diététique par les comptatibilités alimentaires* (Editions Jouvence, 1994) y a ella puede acudir el lector para una información más amplia. Por tanto, aquí sólo los describiré sucintamente.

El primer régimen de desintoxicación usado es el **régimen asociado** (RA). Sólo reúne los alimentos en asociaciones favorables y respeta el tiempo de digestión.

Su composición es la siguiente:

- *Desayuno* (entre las 7 y 9 horas): sólo fruta fresca.
- *Almuerzo* (entre las 11 y 13 horas): ensalada de hortalizas crudas y tiernas, glúcidos complejos (cereales o patatas) y lípidos concentrados (aceite o mantequilla).
- *Cena* (entre las 19 y 21 horas): hortalizas muy poco cocidas (salteadas) y proteínas (queso, huevos o frutos secos).

¿Cuál es la aportación calórica que tiene este régimen asociado?

Según las normas de la dietética oficial, la cantidad de alimento consumida por una persona sedentaria le debería aportar 2 450 Kcal (kilocalorías) diarias. Sería la siguiente:

- *Mañana*: 800 g de fruta fresca
- *Mediodía*: 600 g de ensalada cruda
  200 g de cereales
  50 g de aceite o de mantequilla
- *Tarde*: 800 g de verduras cocidas
  120 g de queso o proteína equivalente

Vemos que estas cantidades son importantes y que la mayoría de los higienistas se contenta con cantidades menores, encontrándose perfectamente. Así pues, la elección de las cantidades será personal y necesariamente adaptada a cada caso.

Observemos que estas comidas son lo suficientemente ricas en líquidos para satisfacer nuestras necesidades hídricas diarias.

Según la sed, es preferible beber fuera de las comidas para no diluir excesivamente los jugos digestivos. Los zumos son un alimento que se debe consumir entre horas.

El segundo régimen de desintoxicación usado es el de **eliminación celulósica** (RC). Deriva del régimen asociado al que se retiran sucesiva o totalmente sus componentes concentrados.

Por tanto quedarán, si la retirada es total, las verduras y la fruta fresca, que se consumen enteras para conservar la celulosa.

En la práctica de la regresión alimentaria, estas retiradas de los componentes concentrados se hacen progresivamente. Los lípidos (materiales grasos) se eliminan en primer lugar. Entonces el RA se transforma en régimen celulósico, glucídico (azúcar) y proteico (lácteos), es decir RCGP.

CUADRO 1

Menús semanales (Regímenes asociados)

Día	Mañana	Mediodía	Tarde
Lunes	Fruta fresca dulce (de temporada)	- Ensalada cruda - Pastas completas - Aceite o mantequilla	- Verduras salteadas - Queso blanco, nueces, avellanas o almendras
Martes	Fruta fresca semiácida	- Ensalada cruda - Patatas (cocidas en agua) o castañas - Aceite o mantequilla	- Verduras salteadas - Yogur, queso blanco o huevos
Miércoles	Fruta fresca dulce	- Ensalada cruda - Cuscús o pan - Aceite o mantequilla	- Verduras salteadas - Cuajada fresca o queso blanco
Jueves	Fruta fresca ácida	- Ensalada cruda - Patatas (al horno) - Aceite o mantequilla	- Verduras salteadas - Queso tipo gruyère, emmenthal, parmesano..., o yogur
Viernes	Fruta fresca dulce	- Ensalada cruda - Arroz o mijo - Aceite, medio aguacate o mantequilla	- Verduras salteadas - Huevos o queso blanco
Sábado	Fruta fresca semiácida	- Ensalada cruda - Patatas (en agua) o castañas - Aceite o mantequilla	- Verduras salteadas - Queso blanco, yogur o frutos secos
Domingo	Fruta fresca dulce	- Ensalada cruda - Patatas (en agua o al horno), tarta de hortalizas o pan integral - Aceite o mantequilla	- Verduras salteadas - Queso blanco o cuajada fresca

Luego se suprime el glúcido concentrado (cereal o patata) y el régimen se convierte en régimen celulósico y proteico (RCP). Por último, se suprime la proteína concentrada y se llega al régimen celulósico integral (RC).

Ejemplo de menú celulósico con proteínas:

- *Mañana:* fruta (manzanas)
- *Mediodía:* ensalada (lechuga, apio, zanahoria)
- *Tarde:* verdura salteada (puerro, col, 90 g de queso)

Los ingredientes de las comidas pueden variar de un día a otro según el gusto de cada persona. El valor calórico de los menús restrictivos está en torno a las 1 500 Kcal/día.

Los aportes de nutrientes están constituidos principalmente por sales minerales, vitaminas, azúcares simples poco concentrados y cantidades muy escasas de lípidos y prótidos.

El RC se usa, normalmente, después de un régimen asociado para favorecer la eliminación toxínica de modo gradual.

La presencia de celulosa suele favorecer el tránsito intestinal.

Ejemplo de menú celulósico:

- *Mañana:* fruta (naranjas)
- *Mediodía:* ensalada (escarola, zanahoria, rábano)
- *Tarde:* verdura salteada (coliflor, apio, colinabo)

También se pueden variar los componentes de esta comida simplificada, según el propio gusto.

El valor calórico del menú celulósico está en torno a las 900 Kcal/día.

Por último, el tercer régimen de desintoxicación propuesto es el **régimen de eliminación no-celulósica**

(RNC). En él, verduras y fruta se consumen en forma de zumo.

La retirada de la celulosa acelera el proceso de eliminación toxínica. Cuanto más líquido se ingiera, más se acentúa esta eliminación.

Pero el tránsito intestinal subsiste, sin que se sobrecargue en exceso el intestino delgado.

Esta práctica permite evitar el uso de purgantes o laxantes. Se produce un vaciado natural de los intestinos.

CUADRO 2

Recomendaciones sobre el régimen no-celulósico

Aconsejamos hacer el zumo con la cantidad de fruta o verdura que se consumiría entera.

- Medio vaso de zumo de zanahoria y medio de agua.
- Medio vaso de zumo de zanahoria y remolacha y medio de agua.
- Medio vaso de zumo de tomate y medio de agua.
- Medio vaso de zumo de tomate y pepino y medio de agua.
- Medio vaso de zumo de manzana y medio de agua.
- Medio vaso de zumo de pera y medio de agua.
- Medio vaso de zumo de naranja y medio de agua.

El RNC se suele utilizar después del RC con la finalidad de favorecer la eliminación gradual de la toxemia.

Se puede usar una licuadora para extraer el líquido de los frutos tiernos. Pero solamente hay que consumir la cantidad de fruta o verdura que se podría comer entera.

El valor calórico del régimen no-celulósico, teniendo en cuenta las diluciones en agua, puede disminuir hasta las 300 Kcal/día.

El seguimiento de la terapia de desintoxicación

Para controlar la terapia de desintoxicación, es necesario efectuar ciertas observaciones a diario.

En primer lugar, anotar el peso por la mañana. Es una observación primordial para identificar las etapas. Se considera significativa una pérdida de peso superior a trescientos gramos.

A continuación medir el pulso por la mañana en número de pulsaciones por minuto, en reposo. Cuando el pulso aumenta, es preferible no cambiar de régimen, pues la eliminación toxínica puede acelerarse. Esperar un enlentecimiento del pulso para reducir la alimentación.

Se anota la presencia o ausencia de heces. La ausencia indica un aumento en la eliminación toxínica. Es la situación más común en la terapia. El intestino sirve de órgano evacuador, pero su función digestiva, se detiene momentáneamente aunque lo normal es evacuar después de la ingesta alimentaria. Las heces tienen significados diversos: si son moldeadas e inodoras señalan un correcto tránsito intestinal; si son líquidas y pútridas, indican una evacuación forzada.

Anotar a continuación la cantidad de orina y su aspecto. Una orina espesa, coloreada o maloliente, indica una eliminación fuerte.

El aspecto de la lengua es significativo. La lengua con una coloración blanquecina muestra una eliminación acelerada. Al final del proceso de desintoxicación, volverá a estar limpia y sonrosada.

Un aliento fétido indica una eliminación importante. Se vuelve fresco al terminar el proceso de desintoxicación.

Un sueño difícil corresponde a un trabajo de eliminación importante. Se normalizará cuando finalice la terapia.

La sensación de falta de energía significa que la eliminación se intensifica. Ésta retorna cuando se vuelven a ingerir alimentos.

También conviene anotar los diferentes regímenes alimentarios adoptados a medida que aparecen las etapas sucesivas.

Por último es útil anotar, como observaciones generales, las impresiones del terapeuta, particularmente referentes a las crisis de eliminación acaecidas a lo largo de la terapia.

Estas diversas observaciones se reúnen en el cuadro 3, que muestra sinópticamente el desarrollo de la terapia.

Este cuadro incluye asimismo los datos personales, los motivos de la terapia, la edad, la talla, el peso normal higienista, el peso real al inicio de la terapia y los pesos de seguridad.

En el cuadro número 4 se indica el baremo de los pesos higienistas. Estos pesos se han elaborado estadísticamente a partir de los miles de pacientes que han visitado el Centro terapéutico Nature et Vie que dirijo yo misma.

Se recomienda no descender del límite superior de seguridad.

Alcanzar el límite inferior puede causar daños irreversibles.

Se vuelve a ingerir alimentos con normalidad cuando las señales corporales indican que la eliminación toxémica ha terminado.

Pero este final no siempre se presenta en una primera terapia. Por tanto es razonable limitar ésta a una o dos semanas de prueba, según las posibilidades de cada uno.

En el proceso de retorno a una alimentación normal, que tendrá la misma duración que el proceso de reducción, se adoptan las mismas dietas, pero en sentido inverso.

CUADRO

Nombre ______________________ Apellidos ______________________

____

Dirección ____

____

____

____

____

Motivo de la terapia ____

____

____

Fecha	Pulso	Peso	Heces	Aspecto	Orina	Aspecto	Lengua	Aliento	Sueño	Fuerzas	Régimen

seguimiento de la terapia de desintoxicación

Edad ________________ Talla ________________

Peso normal higienista ________________

Peso de partida ________________

Peso de seguridad superior ________ Peso de seguridad inferior ________

lañana	Mediodía	Tarde	Medicamentos	Período menstrual	Observaciones generales

CUADRO 4
Baremo de los pesos higienistas (en kg)

Talla en metros	Peso normal higienista	Peso de seguridad	
		Límite superior	Límite inferior
1,86	74	58,5	52,5
1,84	72	57	51
1,82	70	55,5	49,5
1,79	67,5	54	48
1,76	65	52,5	46,5
1,73	62,5	51	45
1,70	60	50	44
1,67	58	49	43
1,64	55,5	47	41,5
1,61	53	45	40
1,58	50,5	43	38,5
1,55	48	41	37
1,52	45,5	39	35,5
1,49	43	37	34

Modalidades del desarrollo de la terapia

Proponemos seguir la terapia de desintoxicación utilizando las dietas asociadas sucesivamente, celulósica y no-celulósica.

Estas son las modalidades de desarrollo de una terapia de desintoxicación (caso teórico).

En régimen asociado (RA)

Al utilizar este régimen después de haber seguido una dieta tradicional, apreciamos una buena eliminación de toxinas. Esta eliminación se traduce en una pérdida de peso.

A continuación, se describe el desarrollo de un caso teórico de terapia de desintoxicación partiendo de un peso inicial de 70 kg (véase el cuadro 5).

Al medir el peso diario matinal los primeros cuatro días de este régimen asociado, observamos pérdidas de peso de 400, 500, 700 y 300 g respectivamente.

El quinto día no hay pérdida de peso: aparece la primera etapa alimentaria, un equilibrio entre el peso y el régimen asociado.

El sexto día tampoco se aprecia pérdida de peso, lo cual confirma que se está en la primera etapa, por consiguiente, decidimos utilizar el régimen de desintoxicación inmediatamente inferior: el celulósico.

En régimen celulósico (RC)

Al aplicar este régimen por primera vez, volvemos a observar pérdidas de peso: séptimo día 600 g, octavo día 500 g, noveno día 400 g, décimo día 100 g.

Consideramos esta pérdida de 100 g como no-significativa y es un indicador de que se está alcanzando otra etapa.

El onceavo día no hay pérdida, lo cual confirma que nos hallamos ya en la etapa. Pasaremos entonces al régimen de desintoxicación inmediatamente inferior: el régimen no-celulósico.

En régimen no-celulósico (RNC)

Este régimen se inicia el doceavo día y el peso baja de nuevo 500 g el treceavo día, 300 g el catorceavo y 100 g el quinceavo. Esta pérdoda de 100 g está en el límite de un descenso de peso significativo.

La fase descendente de la terapia de desintoxicación está terminada, si no se desea prolongarla.

Ciertamente sería posible reducir las cantidades de zumos y hervidos para aproximarse al ayuno hídrico, pero esta última fase sólo debe hacerse bajo el control estricto de un terapeuta experto.

La recuperación alimentaria post-terapia

Esta recuperación alimentaria tiene que efectuarse tan lentamente como el descenso precedente. Se usarán las etapas de modo inverso. La introducción del alimento celulósico provoca un aumento de peso hasta una etapa, luego la elección del régimen asociado producirá un nuevo aumento hasta alcanzar un peso estable. Se puede pasar, entonces, a una alimentación más compleja.

CUADRO 5

Gráfico de las etapas alimentarias

(Curva metabólica personal, caso teórico)

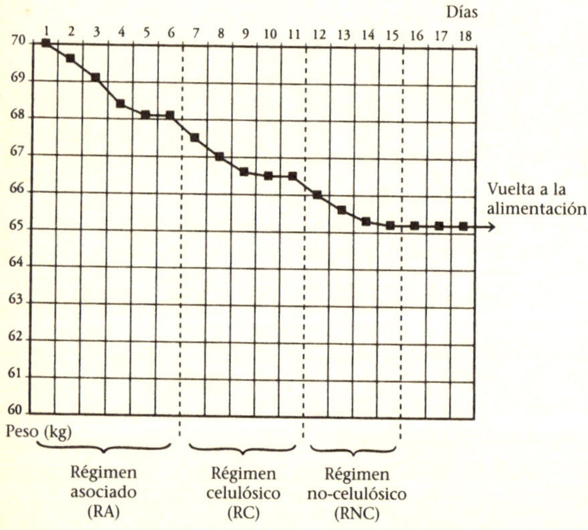

Peso de partida: 70 kg

Por regla general se tendrá en cuenta el baremo de pesos higienistas. El peso jamás podrá bajar del límite superior de seguridad (véase el cuadro 4).

Las etapas alimentarias favorecen una desintoxicación progresiva del organismo. Es un método de autocuración no agresivo.

LA FUERZA REGENERADORA DEL ORGANISMO

LA REGENERACIÓN CELULAR

La eliminación

La regeneración celular se efectúa mediante la reducción de la toxemia.

La célula expulsa las toxinas de su interior (fase de eliminación). Las toxinas creadas en el interior de la célula, atraviesan su membrana y son expulsadas al medio linfático.

La excreción

Los residuos eliminados por la célula, pasan a la sangre desde el medio linfático. Ésta los conduce a los órganos excretores, cuya función es modificarlos para transformarlos en sustancias inocuas para el orgaismo.

Los órganos principales que realizan la transformación de estos residuos son los siguientes (entre paréntesis se indica la respectiva sustancia excretada): el hígado (la bilis), los riñones (la orina), los pulmones (el dióxido de carbono), la piel (el sudor) y el intestino (sustancias diversas).

El hígado es una glándula voluminosa. Excreta la bilis y la concentra en la vesícula biliar, de la cual sale por el conducto colédoco, que la evacúa al intestino.

Esta bilis se presenta en forma de un líquido viscoso, amargo, amarillo-verdoso y ligeramente alcalino. Su composición consta de sales minerales, cuerpos orgánicos y agua.

El hígado transforma los excesos de aminoácidos –prótidos– en amoníaco, y después en urea, que los riñones eliminan.

El hígado posee una importante función depuradora.

Los riñones excretan la orina, que es un líquido ácido, un poco salado, amarillo y normalmente límpido.

Éstos son los componentes normales de la orina:

- Agua.
- Restos nitrogenados, urea (18 a 20 g/l), ácido úrico, creatinina, amoníaco, ácido hipúrico, etcétera.
- Sales minerales (cloruros, fosfatos...). Hay de 8 a 10 g/l de cloruro sódico, equivalente a la sal común.

En ciertas situaciones particulares, anormales, se encuentra glucosa, proteínas, acetona...

Los cálculos que a veces se forman en los riñones (cólicos nefríticos), en la vejiga (arenillas) o en las articulaciones (gota), provienen de la acumulación de sales minerales (oxalatos, fosfatos, uratos, etcétera), de ácido úrico...

Así pues, los riñones son también órganos excretores importantes.

Los pulmones sostienen la respiración, que puede concebirse como una combustión lenta. Las oxidaciones respiratorias se dan en las células. En la combinación del carbono y el oxígeno se produce un residuo: el dióxido de carbono, que es transportado hasta los pulmones y, a continuación, liberado a la atmósfera. Para este tema véase mi obra *Renaître par le souffle* (Editions Jouvence).

Si la excreción pulmonar es insuficiente, asistimos a la asfixia celular, que produce la muerte. Los pulmones son órganos excretores esenciales.

La piel presenta una función excretora que se manifiesta de dos formas:

- Absorbe el oxígeno y expulsa el dióxido de carbono. Esta respiración corresponde a una centésima parte de la respiración pulmonar.
- Excreta el sudor mediante las glándulas sudoríparas. Por tanto, la piel es un órgano que actúa como complemento de los riñones.

Los intestinos poseen una función excretora. El bolo fecal está compuesto por células del tubo digestivo que se han desprendido, sustancias excretadas por el intestino (derivados nitrogenados, grasas, sustancias minerales) y, por último, los residuos alimentarios.

La función excretora del intestino resulta absolutamente esencial.

La evacuación

La evacuación de los restos transformados por los órganos excretores constituye la tercera fase de la reducción de la toxemia. Significa el fin del ciclo de la eliminación de toxinas.

La bilis se acumula en la vesícula biliar, de donde es expulsada en impulsos sucesivos hacia el intestino delgado. Se evacuará parcialmente con las heces y parte de sus líquidos los reabsorberá el intestino.

La orina se acumula en la vejiga, de donde es evacuada periódicamente por la uretra, en la micción.

El dióxido de carbono es expulsado al aire desde los pulmones.

El sudor es producido y acumulado en las glándulas sudoríparas. Seguidamente es evacuado por un canal que termina en un poro justo en la superficie externa de la piel.

La eliminación de las materias fecales se efectúa por el recto, terminación del intestino grueso.

Para mejorar la salud, hay que aumentar la eliminación de toxinas, evitando toda aceleración peligrosa.

Conviene que un terapeuta experto ayude al neófito, particularmente durante las primeras terapias de desintoxicación.

LA AUTOLISIS

El organismo se regenera destruyendo sus tejidos enfermos mediante un fenómeno de «autoconsumo» llamado autolisis.

Los tejidos anormales se autolisan. De este modo pueden reducirse o desaparecer dolencias como bocios, gorduras diversas, fibromas, quistes, depósitos, etcétera.

Este proceso autolítico se produce durante el período de alimentación reducida. Es cuando los nutrientes móviles, la glucosa, los aminoácidos y los ácidos grasos, deben disminuir considerablemente para que el organismo consuma los tejidos anormales por autolisis.

Esta limpieza autolítica se percibe a veces por diversos síntomas, particularmente ligeros dolores en la zona renal.

LA REGENERACIÓN ORGÁNICA

Las toxinas son eliminadas tanto de las células como de la linfa y de la sangre durante la fase primaria de la terapia.

Durante la fase secundaria, se regeneran los órganos autolisando sus partes atrofiadas.

La limpieza orgánica se efectúa principalmente en los órganos excretores: hígado, riñones, pulmones y piel, que son los primeros afectados por las toxinas.

Las pérdidas de peso son selectivas. Los tejidos grasos disminuyen en mayor proporción que los músculos. Los sistemas y órganos esenciales (nervios, cerebro y corazón) no pierden peso.

Los pesos de seguridad indican los límites que no hay que superar, o se correrá el riesgo de deteriorar sistemas y órganos esenciales.

LOS REAJUSTES FUNCIONALES

En la terapia de desintoxicación, los órganos se renuevan más deprisa. Las reparaciones de las heridas, las cicatrizaciones de las úlceras y la elaboración del calcio óseo se aceleran.

Cuando los órganos están suficientemente regenerados inducen reajustes funcionales circulatorios o glandulares. Entonces las grandes funcionen vuelven a desarrollarse con normalidad.

En resumen, el organismo posee una fuerza regeneradora. Es aconsejable estimular los procesos psicológicos para gozar de buena salud. Por tanto, resulta de vital importancia la regeneración celular –que se realiza a través de la eliminación, la excreción y la evacuación–, la autolisis y la regeneración orgánica.

El organismo vivo posee la propiedad de autorregenerarse. Vivir en armonía con el organismo consiste en favorecer esta posibilidad de autoregeneración.

ALGUNAS INDICACIONES PARA LA TERAPIA DE DESINTOXICACIÓN

LAS REGENERACIONES DURANTE LA TERAPIA

Los órganos excretores son los que más sufren el exceso de toxemia. Por eso durante la terapia serán los primeros en regenerarse.

El aparato excretor

El hígado retira los elementos más tóxicos de la sangre para transformarlos en bilis.

En el curso de la terapia, la cantidad de bilis aumenta y el organismo la expulsa en las heces (proceso de excreción).

Así pues, la bilis actúa como un laxante. Pero a veces llega a ser tan abundante que alcanza al estómago, provocando náuseas y vómitos ocasionales.

Este trabajo hepático puede provocar dolores.

Los riñones suelen reaccionar desde la primera terapia de desintoxicación, generando algunas molestias pasajeras.

En los primeros días de la terapia, la orina es oscura y concentrada, y su olor es fuerte.

Los pólipos o papilomas, que existen a veces en la vejiga, se pueden reabsorber por autolisis. Pero para conseguirlo es necesario efectuar varias curas consecutivas.

Las crisis de cólicos nefríticos se deben a una litiasis (presencia de cálculos). La desintoxicación puede provocar su disgregación y expulsión en forma de arenillas.

Los hombres maduros a veces sufren del aparato urinario cuando la próstata aumenta de volumen. Ésta comprime la uretra que la atraviesa, lo que acarrea dificultades en la micción.

Por autolisis, que se puede llevar a cabo en el transcurso de la terapia, el volumen de la próstata se reduce, permitiendo en una evacuación satisfactoria de la orina.

Los pulmones refuerzan su poder excretor durante la terapia: el aliento se vuelve fétido. La actividad excretora pulmonar aumenta también por la expectoración de la mucosidad acumulada en el árbol bronquial. Esta mucosidad huele particularmente mal.

A veces surgen ciertos trastornos en las vías de acceso al aparato pulmonar (amigdalitis, sinusitis, rinofaringitis, etcétera). Se trata de síntomas de la desintoxicación, que en algunas ocasiones aparecen pasajeramente durante la terapia y con una intensidad reducida. Hay que considerar que pronto todo volverá a estar en orden.

La misma desaparición de la mucosidad y la purificación del aliento indican el final del proceso terapéutico.

La piel constituye el cuarto gran órgano excretor. Las toxinas son eliminadas por la transpiración, que se vuelve maloliente.

Los depósitos de celulitis situados bajo la piel son autolisados. La piel se rejuvenece, su color se aclara, la textura se refina. Las manchas y las arrugas pueden desaparecer.

Al final de la terapia, el olor de la piel se vuelve agradable.

Quizá aparezcan ciertas erupciones cutáneas: son procesos de limpieza de toxinas. Estas crisis cutáneas son benéficas para el organismo, ya que a veces desaparecen trastornos rebeldes como el eccema o la psoriasis.

El aparato digestivo

Durante la terapia de desintoxicación, la función digestiva se enlentece, lo que la sitúa en un reposo relativo.

- La boca resulta en algunas ocasiones origen de trastornos como aftas, gingivitis, glositis (irritación de la lengua). Estos síntomas desaparecen generalmente durante la terapia.

En el período de desintoxicación, la saliva se vuelve muy espesa, a veces incluso pegajosa y viscosa, verdosa, y con mal sabor. Estará limpia al finalizar la terapia.

Igualmente durante el tratamiento, la lengua se recubre con una mucosidad blancoamarillenta. Al final se aclarará, comenzando por la punta y continuando por los lados, hasta que aparezca su típico color rosado.

Se experimenta un mal sabor de boca permanente. Ninguna limpieza bucal lo disminuirá. Desaparecerá por sí mismo al final de la terapia y el sabor se volverá agradable. Así pues, en la boca aparecen numerosos signos de regeneración que ocurren durante el proceso terapéutico.

- El esófago presenta a veces espasmos, hiperacidez y otros trastornos más graves como las ulceraciones. La regeneración por autolisis generalmente reduce el conjunto de estos síntomas.

- En el estómago a veces se dan trastornos como la dispepsia, las úlceras, la inflamación gástrica, el descenso del estómago, etcétera. Estos síntomas disminuyen habitualmente durante la terapia, hasta desaparecer a consecuencia de terapias repetitivas.

Pueden producirse sensaciones de náuseas que a veces desembocan en vómitos. Son movimientos de limpieza que cesarán y a los que seguirá una sensación de bienestar.

- Los intestinos desarrollan a veces trastornos como colitis, parasitosis, disentería y estreñimiento. Estos síntomas también disminuyen durante la terapia. La mucosa intestinal ulcerada puede llegar a cicatrizar.

La terapia también puede hacer disminuir síntomas como rectitis y hemorroides. En ocasiones, las fístulas pueden desaparecer debido a la renovación de los tejidos intestinales.

A menudo se producen gases en el abdomen. Son también fenómenos de limpieza toxínica. A medida que se desarrolla la terapia, las sensaciones dolorosas debidas a los gases disminuyen y desaparecen.

- La vesícula biliar es a veces origen de alteraciones como la colecistitis (espasmos inflamatorios) o la litiasis (cálculos). Los cálculos pueden llegar a disolverse durante la terapia y los dolores desaparecen.

- El hígado también forma parte del aparato digestivo. Produce la bilis, que interviene en la emulsión de las grasas durante el proceso digestivo. Contribuye a regular la cantidad de azúcar en la sangre y favorece la asimilación de los minerales.

Juega un papel importante en la regulación de la temperatura corporal (termogénesis).

El hígado es una especie de pequeña fábrica autónoma. Por tanto, la regeneración durante la terapia favorece sus numerosas funciones y el organismo se beneficia de ello.

El aparato cardiovascular

Comprende el corazón, las arterias, las venas y los capilares.

El corazón puede sufrir diferentes trastornos como el estrechamiento mitral, la arritmia y a veces otros aún más graves como el infarto de miocardio o la angina de pecho.

La terapia permite renovar la función cardíaca y suprimir, al menos parcialmente, los trastornos anteriores.

Las arteritis de los vasos sanguíneos y la arteriosclerosis se reducen y en ocasiones desaparecen.

La hipertensión arterial disminuye y habitualmente desaparece.

Las varices venosas se autolisan y pueden desaparecer.

Otros trastornos como los edemas venosos, las úlceras varicosas y las secuelas de flebitis pueden llegar a mejorar.

La regeneración orgánica también puede reducir los diversos trastornos relacionados con la hemogliasis: cefaleas, somnolencia, vértigos, confusión mental, flatulencia digestiva, disminución de la actividad sexual, fragilidad de los capilares, hipotensión, etcétera.

El sistema nervioso

La astenia se manifiesta por un estado de fatiga permanente que a veces desencadena en una depresión nerviosa.

A la inversa, el exceso de actividad también provoca agotamiento, implicando a menudo insomnio.

La cura tiene que seguirse con mucha prudencia para estos casos de debilidad. Puede aportar un bienestar inesperado.

Se incrementan la memoria, la atención y el raciocinio; se amplía la vida intuitiva y espiritual, y mejora la lucidez mental.

El sistema glandular

Está principalmente formado por las glándulas endocrinas, cuyo mal funcionamiento provoca trastornos.

Durante la terapia puede disminuir la impotencia masculina, la frigidez o la esterilidad.

Puede aumentar la asimilación del calcio, dependiente de la tiroides.

Para la diabetes, la regeneración del páncreas es bastante más problemática, sobre todo si se depende de la insulina. En este caso, no son recomendables las curas prolongadas y resulta imprescindible un control estricto.

El aparato genital

En el caso de las mujeres, algunas veces se pueden desarrollar inflamaciones o leucorreas como por ejemplo las metritis o cervicitis en el útero, y también las salpingitis o anexitis en las trompas de Falopio o en los ovarios.

La terapia de desintoxicación puede aliviar y disminuir estos trastornos. Los flujos blancos son un proceso de autolimpieza y disminuirán cuando la toxemia desaparezca.

Las excrecencias diversas que se forman en el aparato genital, como fibromas, quistes, etcétera se autolisan a menudo durante la cura. También se regula el ciclo menstrual.

Los trastornos del aparato genital masculino (impotencia, problemas de eyaculación) también se reducen en gran medida.

El aparato locomotor

Los trastornos del aparato locomotor son diversos y afectan al esqueleto, a los músculos, a los nervios y a los vasos sanguíneos.

Los huesos a veces están sujetos a descalcificación por causas diversas. Los vasos sanguíneos desarrolan alteraciones como las arteritis o flebitis. La terapia, al regenerar estos órganos y funciones, mejora tales estados.

El aparato locomotor puede presentar traumatismos en caso de accidente. Existen también enfermedades degenerativas. La terapia de desintoxicación mejorar estas situaciones. Los síntomas de las polineuritis, los trastornos reumáticos y la artrosis disminuyen tras la desintoxicación.

El sistema sensorial

Aquí se producen los llamados **trastornos particulares,** cuando en realidad reflejan con frecuencia el estado general del organismo. Cuando son trastornos recientes, los efectos de la terapia de desintoxicación suelen ser más eficaces.

Las afecciones oculares mejoran, en particular las conjuntivitis. Lo mismo ocurre con el reumatismo de oídos que ocasiona zumbidos y sonidos agudos casi intolerables.

Las afecciones nasales como las sinusitis desaparecen. Las laringitis y demás trastornos de los órganos del lenguaje pueden remitir. Igual sucede con otros síntomas que afectan a la lengua y la boca: aftas, estomatitis, gingivitis, etcétera.

Por último, podemos añadir que con la reducción de la toxemia y el reequilibrio de las sales minerales en el organismo, la desintoxicación favorece una dentición sana.

Conclusión

Naturalmente, estas posibilidades de mejora no son más que una aproximación a los resultados que se pueden obtener.

Éstos dependen de la fuerza de voluntad que tenga el paciente. Cuando la intención y la práctica se aúnan, se observan resultados excepcionales.

LA DESINTOXICACIÓN EN CASO DE ENFERMEDAD

Las enfermedades agudas

En el caso de enfermedades agudas, se pierde el apetito y se rechaza la comida.

El enfermo busca el reposo de forma natural. Se debe respetar esta sabiduría y no sobrecargar al organismo con alimentos.

El proceso de desintoxicación hace que los trastornos (dolores, fiebre, diarrea) experimenten una regresión. Estas remisiones pueden ser espectaculares, sobre todo en caso de fiebre en los niños.

Las enfermedades crónicas

Se llama enfermedades crónicas a los trastornos graves que no han podido eliminarse de manera satisfactoria.

La terapia de desintoxicación permite a menudo salir de estas fases crónicas originando a veces nuevos síntomas en otros órganos.

Cuando se sufre una dolencia crónica desde hace mucho tiempo, se hace necesaria una desintoxicación. Las etapas alimentarias deberán respetarse con rigor a fin de favorecer una eliminación gradual de las toxinas.

Conclusión

Para disminuir las alteraciones en la salud, hay que seguir un proceso de desintoxicación y llevarlo a cabo teniendo en cuenta cada situación particular.

¿QUIÉN PUEDE DESINTOXICARSE?

La desintoxicación es una necesidad para todo el mundo, pero más necesaria para quienes no gozan de buena salud. ¿Cuál es la mejor época para iniciar una terapia de desintoxicación? Probablemente cuando sintamos la necesidad de hacerla.

En ocasiones hay obligaciones profesionales y familiares que obstaculizan el deseo de purificarse. A veces hay que esperar a tener un poco de tiempo libre, normalmente durante las vacaciones.

En cuanto a la temperatura exterior, la primavera o el otoño son épocas adecuadas, ya que el verano exige refrescar y el invierno calentar los locales usados.

La desintoxicación en función del peso

Es evidente que la terapia es recomendable para que las personas obesas pierdan peso. Sin embargo, se llevará a cabo con mucha atención, teniendo en cuenta cada caso en particular.

Las personas delgadas están en una situación más delicada. En general, se les recomienda sobrealimentarse pero a pesar de todo siguen estando delgados porque no asimilan bien los nutrientes contenidos en los alimentos. A veces incluso sufren carencias, aunque su alimentación sea abundante.

En estos casos, las terapias sucesivas serán progresivas, de corta duración y producirán resultados inesperados al reforzar la función de asimilación.

La desintoxicación en situaciones vitales deficientes

Las personas débiles poseen una energía vital mediocre. Su intención de seguir una terapia de desintoxicación se comprende tan poco como en el caso de los delgados.

Sin embargo se sobrealimentan con la esperanza de recuperar energías. Pero se observa el resultado opuesto. Es cierto que tras la ingestión de alimentos existe un período de bloqueo de la debilidad, pero ésta reaparece más tarde. En realidad, esta debilidad proviene de un estado energético insuficiente, que se ha convertido en crónico. Esta situación es consecuencia de una elevada toxemia. Será pues necesaria la desintoxicación para recuperar la energía vital.

Como en el caso de las personas delgadas, la desintoxicación deberá ser progresiva por etapas de corta duración y repetidas con frecuencia.

Estas personas han de ser tratadas por un terapeuta experto para que no incremente su debilidad.

Debemos advertir contra la estimulación del organismo mediante productos diversos, pues absorben mucha energía, y al período de estimulación le seguirá una perjudicial fase depresiva.

Las personas anémicas están en una situación análoga a las débiles, sólo que en este caso la anemia indica un mal funcionamiento orgánico.

Aquí también el proceso de desintoxicación, realizado repetidamente y en el límite de las posibilidades, aportará con frecuencia soluciones inesperadas.

Las repetidas terapias de desintoxicación pretenden conseguir la renovación orgánica, seguida de la regeneración funcional. Estas terapias deberán supervisarse con prudencia, teniendo en cuenta cada caso particular.

Las carencias son una falta de uno o varios elementos vitales. Hay varias clases de carencias. Cuando ciertos aportes alimentarios son deficientes, la carencia es exógena. Éste es el caso de ciertas avitaminosis.

Por ejemplo, el beriberi proviene de una falta de vitamina B (antiberibérica). El escorbuto está ligado a una avitaminosis de vitamina C (antiescorbútica). El raquitismo se produce por una carencia de vitamina D (antirraquítica). La xeroftalmia es una falta de vitamina A (antixeroftálmica).

Pero pueden igualmente existir carencias de aprovisionamiento en glúcidos (azúcares), prótidos (aminoácidos), lípidos (materias grasas), así como en sales minerales (calcio, hierro, etcétera). La respuesta normal a las carencias exógenas consiste en proporcionar al organismo los nutrientes de que carece. Pero a veces los aportes son suficientes y la carencia sigue existiendo. Entonces se trata de una mala asimilación de uno o varios nutrientes, una carencia orgánica o funcional endógena.

En este tipo de carencia, será necesario efectuar terapias de desintoxicación para renovar la fuerza de asimilación del organismo. Estas terapias también serán repetitivas, breves y realizadas siguiendo obligatoriamente el método de las etapas alimentarias. Un ayuno brusco aumentaría aún más las carencias. Naturalmente se sobreentiende que la terapia deberá prever un aprovisionamiento suficiente de vitaminas, sales minerales y nutrientes (glúcidos, lípidos y prótidos).

El éxito depende también de otros factores, como el estado mental. Habrá que proceder con cautela en las terapias de las personas que sufren carencias.

Hay un tercer tipo de carencia: la carencia por no restitución. Los alimentos se ingieren, se asimilan y se almacenan en el organismo. Pero cuando éste necesita reutilizar estos nutrientes, es incapaz de hacerlo. De ello se deriva un estado carencial.

En esta situación, la cura de desintoxicación, regenerando la capacidad del organismo para recuperar sus nutrientes será prodigiosa.

En este último caso incluso puede llegarse a situaciones increíbles, donde la cantidad del nutriente del que se carece es superior a la medida antes de la terapia. Naturalmente, hay que actuar progresivamente, pues no se sabe nunca cual es la cantidad de nutrientes bloqueados.

Los anoréxicos rechazan la comida por diversas razones, una de las cuales es que ya no pueden digerir nada más.

En este caso hay que alternar la desintoxicación y los intentos de alimentación. Es un tira y afloja un poco delicado pero que a menudo suscita respuestas asombrosas.

En resumen, las personas con una situación vital deficiente pueden beneficiarse de las terapias de desintoxicación. Pero es evidente que habrá que estudiar el conjunto de los componentes físicos y psíquicos que generalmente están en el origen de los trastornos observados. Sólo solucionando la totalidad de los problemas existentes se puede aspirar a alcanzar un resultado final positivo.

La desintoxicación en función de la edad

Existe un prejuicio muy arraigado en contra de que los niños y las personas mayores no deben seguir terapias de desintoxicación. Sin embargo, los niños presentan reacciones adversas frente a una toxemia demasiado elevada. En los casos de trastornos graves, rechazan la comida. Es una gran equivocación forzarlos a comer en tales circunstancias.

Cuando la sobrealimentación conduce a una indigestión, generadora de alteraciones en la salud, las curas de desintoxicación moderadas y breves son muy convenientes.

No hay que olvidar que los niños están en período de crecimiento y por tanto sería peligroso hacer curas prolongadas. Todo es cuestión de sentido común.

Los ancianos se quejan a menudo de perder energías al ir disminuyendo la ingesta alimentaria.

En realidad, las personas mayores soportan bien las terapias de desintoxicación, salvo si son excesivas. En este caso no existe el problema del crecimiento, pero hay que comprobar que posean el peso suficiente para mantener el metabolismo reducido durante la terapia. Es preciso que tengan un aporte suficiente de nutrientes en forma de vitaminas y sales minerales.

En cualquier caso, las terapias pueden ajustarse manteniendo los aportes minerales esenciales.

Pero la reducción de la toxemia es una condición insoslayable para conservar un estado de salud satisfactorio.

La desintoxicación durante la maternidad

Las terapias de desintoxicación agresivas durante el embarazo no son nada aconsejables. Pueden perjudicar al nonato.

Durante los tres primeros meses se pueden hacer ligeras reducciones de alimentos. En los meses restantes habrá que ser prudentes.

Sería mejor realizar la terapia de desintoxicación antes de procrear, tanto por parte de la madre como del padre. Hemos recibido a muchas parejas que buscaban este objetivo y el resultado ha sido beneficioso.

Por el contrario, las terapias están recomendadas cuando se trata de intentar solucionar situaciones de infertilidad tanto masculina como femenina.

Las terapias tampoco deben emprenderse en período de lactancia, pues la reducción del aporte alimentario disminuye la producción de leche.

Repetimos que es mejor desintoxicarse antes de la maternidad, para no tener que renunciar a la terapia posteriormente.

La desintoxicación según el modo alimentario adoptado

Es evidente que las terapias de desintoxicación se aplicarán de forma diferente según el sistema alimentario adoptado previamente.

Cuanto más compleja sea la alimentación, la toxemia será más elevada, y por tanto aumentará el riesgo de que las crisis de regeneración sean más fuertes. Por tanto, la progresividad deberá observarse con rigor.

Naturalmente, cuando la alimentación se ha adoptado siguiendo el modo higienista (véase mi obra *Mangez en comptabilités alimentaires*, Ed. Jouvence, 1994), por lo general las terapias de desintoxicación se desarrollan de un modo más fluido.

Conclusión

Las terapias de desintoxicación no están indicadas sólo para las personas que presentan problemas de salud sino también para todas aquellas que se preocupan por llevar una vida sana.

La curación es el resultado de la voluntad de querer curarse junto con el conocimiento de las posibilidades extraordinarias del organismo para regenerarse durante las terapias de desintoxicación.

LA DESINTOXICACIÓN PERMANENTE

LAS TRES FASES DE LA DESINTOXICACIÓN

La fase primaria de la desintoxicación tiene como misión limpiar la toxemia localizada en las células, la linfa y la sangre. A veces se traduce en enfermedades diversas: cefaleas, náuseas, vértigos y dolores diversos.

Generalmente, los síntomas de la fase primaria apenas se aprecian, pues son una ruptura del estado previo en dirección a las crisis de regeneración.

El método de las etapas alimentarias, si se hace bien, permite soportar mejor estos diversos trastornos. Por el contrario, una persona muy intoxicada que se lance a una terapia brusca corre el riesgo de encontrarse con momentos difíciles. En el antiguo método higienista se decía que los tres primeros días eran los más difíciles. En realidad, era así porque la ausencia de etapas volvía el proceso demasiado violento.

Esta primera fase resulta verdaderamente importante para aquellas personas que sufren síntomas dolorosos constantes. Les permitirá gozar de una mejor salud.

La fase secundaria de la desintoxicación afecta principalmente a los órganos. Se siente un dolor difuso en la región renal o vivo en la región hepática.

De esta forma somos conscientes de órganos que normalmente ignoramos. Por eso llamamos a esta fase secundaria, la desintoxicación orgánica.

Poco a poco, los dolores agudos o difusos desaparecen. Esto marca el final de la segunda fase.

Durante la fase terciaria se lleva a cabo un trabajo particular en el interior del organismo.

Los diferentes órganos renovados tratan de relacionarse entre sí para complementarse armoniosamente.

Denominamos a esta fase desintoxicación funcional. Es la fase simpática de la terapia de desintoxicación, tras la cual se puede llegar a una situación de «éxtasis» al final de la terapia.

LAS TERAPIAS SUCESIVAS

Para tomar contacto con las terapias de desintoxicación aconsejamos experimentar una durante algunos días, luego alimentarse con normalidad uno o dos meses, y después comenzar una segunda terapia; éste es el proceso de las terapias sucesivas.

Así, el primer día de la segunda terapia se encadena con el último día de la terapia precedente. De este modo, si se ha experimentado una terapia de siete días la primera vez, el primer día de la segunda terapia se podrá considerar como el octavo día de las dos, y así sucesivamente.

Este modo de proceder permite acceder poco a poco a las fases secundaria y terciaria. Además permite al organismo recargarse entre curas con sales minerales, oligoelementos, vitaminas, aminoácidos, azúcares y ácidos grasos esenciales, de modo que cada nuevo día de terapia sea verdaderamente eficaz. También es más fácil salir de una terapia breve, lo que refuerza la seguridad en uno mismo.

Dos meses parecen ser un buen intervalo entre dos curas sucesivas, cuando se ha decidido emprender un proceso completo de regeneración.

Si este período de tiempo se prolonga, algunos días de la cura siguiente servirán para eliminar las toxinas primarias acumuladas entre las dos secuencias sucesivas.

Así, tras un año de intervalo, los días de cura prácticamente no se acumulan. «El contador se pone a cero», o casi.

Por tanto, el efecto de terapia sólo dura cierto tiempo. Éste depende del grado de intoxicación inicial y también del modo de vida.

Recomendamos efectuar por lo menos una terapia de desintoxicación al año.

Una vida sana, una alimentación equilibrada, el ejercicio físico apropiado y una mente positiva favorecen un buen estado de salud.

La marcha hacia la salud es una tarea constante, se necesita una atención permanente para mantener un estado de desintoxicación satisfactorio.

Con la práctica de las terapias sucesivas, quienes hayan perdido parte de su salud podrán recobrarla en las mejores condiciones.

EL CONCEPTO DE LA DESINTOXICACIÓN PERMANENTE

El organismo se construye y se destruye permanentemente.

El metabolismo se compone de dos fases: el anabolismo (o construcción de tejidos) y el catabolismo (o destrucción de tejidos).

Una persona está en proceso de desintoxicación cuando la segunda fase predomina sobre la primera, es decir, en general se pierden tejidos por autolisis y se produce una pérdida de peso.

Se puede observar este fenómeno durante la restricción alimentaria en el transcurso de las etapas; es lo que denominamos efecto de desintoxicación.

Un estado toxémico mínimo es sinónimo de buena salud. Así pues deberemos procurar favorecer un efecto de desintoxicación permanente.

LOS RESULTADOS

Durante mis treinta años de experiencia en terapias de desintoxicación he visto numerosos casos de regeneración. Presentaré los testimonios de algunos antiguos pacientes como conclusión de esta obra.

Jacques L.: «Qué alegría volver a disfrutar de la vida y vivir intensamente cada instante. Hace cinco años que había dejado de comprender las manifestaciones del mundo exterior. Se puede vivir con medicamentos, por supuesto. Pero eso no es vivir, y compruebo ahora, con la distancia, que el nerviosismo que sentía me impedía comprender las cosas».

Mosén Fabien C.: «Aún siento los beneficios de la terapia. Como forma de aliviar la sinusitis fue y sigue siendo espectacular. La nariz descongestionada, ninguna supuración y el olfato recuperado. Y mi estado general era y es bueno. Incluso en lo que se refiere al sistema nervioso creo haber conseguido el equilibrio que había perdido».

Brigitte P.: «Hacía cuatro años que sufría obesidad y estreñimiento. Seguí los consejos de Désiré Mérien, que preconizaba el método de las etapas alimentarias. Perdí diez kilos sin sentir esa desagradable sensación de hambre. Me siento en plena forma y he reencontrado mi tono vital y la confianza en mí misma».

Dra. Blandine B.: «Quisiera darte las gracias. Vivo actualmente una auténtica alegría celular, muy profunda, que supera considerablemente el simple aspecto físico. Es fantástico, fabuloso, extraordinario... ¡No encuentro palabras para expresarlo!».

Manuel R.: «Ha pasado cierto tiempo desde mi estancia en su centro. Creo que le interesará saber que mi estado general de salud es bueno. Los chequeos y análisis efectuados periódicamente por los médicos dan resultados excelentes y me encuentro perfectamente bien. Aún sigo sus consejos para consolidar estos buenos resultados».

Nota del autor: el señor Manuel R. nos había sido remitido por el doctor Luis Fernando C. con el diagnóstico de un tumor tipo linfosarcoma linfoblástico.

Marie L.: «Mi experiencia ha durado quince días, durante los cuales escuché mi propio cuerpo, seguí las diversas fases de eliminación de toxinas que él decidió, y asistí con una extraña alegría al resurgimiento de nuevas energías a medida que volvía a alimentarme con normalidad».

Yvette V.: «Mi ginecóloga me descubrió un pólipo cuya raíz se situaba en la cavidad uterina. Rechacé la cirugía, única solución propuesta por la medicina oficial.

Así pues, fui a Nature et Vie para realizar una terapia. Antes de ir me visité otra vez. El pólipo aún estaba presente.

Tras nueve días de preparación respetando las etapas alimentarias, hice catorce días de cura. A la vuelta, volví a ver a mi ginecóloga, que no encontró ni rastro del pólipo. No quiso admitir que esta desaparición se debiera a la terapia pero no me pudo dar otra explicación más convincente».

Pierre: «Tras cinco años y seis permanencias en el centro terapéutico Nature et Vie, estoy en disposición de dar mi testimonio.

Ciertos resultados se sienten desde el principio, después se acentúan. Primero por la ausencia de la enfermedad.

Las crisis reumáticas que sufría entonces y que se convirtieron en raras a raíz de mi conversión al higienismo, desaparecieron de inmediato. Las mejoras aparecieron también en el plano psicólogo; ahora, por ejemplo, soy capaz de jugar al ajedrez.

Tras la última terapia pude observar mejoras físicas. Mi vista está mejor. Los cortes que me hago cicatrizan con mayor rapidez. Aparte corro como no lo hacía desde hace mucho tiempo.

Así pues, los resultados son claros y tanto más interesantes cuando los he obtenido a una edad (setenta y un años) en que muchos hombres están prácticamente en el ocaso de su vida».

Guy D.: «Sufro ciática casi crónica, que de vez en cuando me ocasiona dolores agudos. El arsenal habitual de la medicina quimioterápica no ha podido lograr una mejoría permanente. Además, los efectos secundarios son terribles y no originan cambios.

El efecto directo de la terapia actuó primero sobre la ciática, no he vuelto a sentir sufrimiento alguno. Por tanto ya no he recurrido más a la quimioterapia».

Anne-Claire D.: «Éstas son mis novedades. Hace mucho que terminé mi terapia. Tengo una energía increíble. Siempre estoy en forma y llena de una fuerza positiva que me sorprende. Todos mis sentidos se han agudizado; en particular el oído y tomo clases de canto.

Mi cuerpo tiene una flexibilidad que nunca ha tenido, incluso después de años de danza.

En cuanto a la lucidez y a la facilidad con la que razono, ¡es asombrosa!».

Chantal T.: «Sufría de los ojos y tenía la impresión de que estaban dañados, de que tenía cuerpos extraños en mis órbitas. Tenía la sensación de que la circulación funcionaba mal.

Sólo al cabo de quince días y tras algunos de cura, ya no sufro más, puedo leer durante largo tiempo y enhebrar agujas. Ya no tengo "moscas" en mi ojo derecho».

Conclusión

La serie de testimonios precedente presenta opiniones diversas sobre las posibilidades de la terapia de desintoxicación.

Espero que los lectores practiquen la terapia por etapas tal como la he descrito. Me gustaría recibir sus comentarios o sugerencias sobre sus experiencias y, naturalmente, quedo a su disposición para ayudarlos o aconsejarlos si lo desean.

Vivir ganando es crear salud aplicando los principios vitales que favorecen la desintoxicación permanente.

LAS RECETAS MÁS DEPURATIVAS

Estos menús nos proporcionan platos sabrosos a la vez que nos permiten equilibrar el peso reduciendo la obesidad.

Ensalada bretona

Para preparar esta ensalada se necesitan alubias frescas. ¿Cómo se sabe si son del año? Es suficiente con morder una alubia en el momento de comprarlas; si son frescas, los dientes se hunden en ella. Por el contrario, si son legumbres viejas, que tienen varios años, se nota que están secas y los dientes no pueden penetrarlas. Un tinte gris alrededor de la zona de corte es un signo de vejez. Las alubias viejas carecen de brillo y con frecuencia están arrugadas; tienen un espacio entre las dos partes de la semilla.

Las legumbres se toleran mejor si son frescas, las secas cuestan más de digerir. Deben utilizarse con precaución en personas poco energéticas. Son ricas en sales minerales, como fósforo, magnesio y hierro, y en vitaminas. Contienen un 21 % de proteínas, un 60 % de glúcidos y cierta cantidad de materias grasas (por ejemplo, la soja contiene un 18 % de grasa). Son acidificantes. Ocupan una posición intermedia entre los alimentos de degeneración y los alimentos de compromiso.

Ingredientes para 4 personas:

250 gramos de alubias blancas
2 remolachas
150 gramos de hierba de los canónigos fresca
4 cucharadas de aceite de oliva

Preparación:

- Cocer por separado las remolachas y las alubias blancas.
- Mezclar las alubias con las remolachas todavía tibias y cortadas en dados. Añadir la hierba de los canónigos y el aceite de oliva.

Ensalada de lentejas

Las lentejas son ricas en proteínas. Para muchas poblaciones, las lentejas y otras legumbres constituyen un medio de cubrir sus necesidades proteicas.

Ingredientes por persona:

80 gramos de lentejas secas
3 cebollas
1 zanahoria
una rama de apio
$^1/_2$ cucharada de aceite

Preparación:

- Cocer las lentejas, trocear las cebollas, cortar la zanahoria en dados pequeños y picar la rama de apio.
- Escurrir bien las lentejas una vez cocidas. Se pueden disponer las lentejas en forma de corona y colocar las verduras en el centro.
- Decorar con unas hojas de perejil y sazonar con el aceite de oliva. Esta ensalada, al igual que la anterior, se sirve precedida de crudités variadas, que aportarán un poco de frescor a este plato.

Ensalada de berros y otras hortalizas verdes

Los berros son ricos en vitamina C, pero contienen un aceite sulfurado que los hace irritantes. Por ello conviene consumirlos con prudencia.

Ingredientes por persona:

un puñado de lechuga, escarola o berros
una rama de apio
1 zanahoria
3 cucharadas de requesón descremado

Preparación:

- Rallar las zanahorias y cortar la rama de apio en rodajas. Guardar las hojas intactas. Formar una estrella dividiendo el plato en porciones, unas con los berros, otras con el apio y otras con las zanahorias. Marcar las separaciones con una línea de requesón batido.

Patatas al horno o calabaza al horno

Las patatas tienen un 80% de agua, un 18% de glúcidos y un 2% de proteínas. También son ricas en potasio, pero contienen poco calcio. El almidón de las patatas es fácil de digerir, excepto si se consumen fritas o con salsa. Las patatas son alcalinizantes, al contrario que los cereales, que son acidificantes.

Existen muchos alimentos que contienen el agua suficiente para poder cocerse en su propio líquido. Durante la cocción, se pierde agua por evaporación y la pérdida de sustancias se reduce al mínimo.

Ingredientes por persona:

200 a 300 gramos de patatas o de calabaza
20 gramos de mantequilla, aceite de oliva o nata fresca

Preparación:

- Limpiar bien las patatas y comprobar que no tengan zonas verdes, pues contienen solanina, una sustancia tóxica peligrosa, al igual que la parte de alrededor de las yemas. Retirarlas con los utensilios preparados para este efecto.

- Hornear las patatas durante unos veinte minutos. Para que no se resequen durante su elaboración, incorporar al horno un recipiente con agua.
- Una vez asadas, las patatas deben estar blandas pero mantenerse firmes, lo cual se comprueba pinchándolas con un tenedor. Se pueden consumir con piel si se está seguro de que son de cultivo biológico. Si se prefiere, ésta se puede retirar con la punta de un cuchillo. Una vez asadas, esta fina piel se elimina fácilmente.

Canapés de zanahorias

Ingredientes por persona:

1 zanahoria
1 rebanada de pan integral
5 gramos de mantequilla o grasa vegetal

Preparación:

- Cortar unas cuantas tiras de zanahoria con el cuchillo de mondar, a continuación rallar el resto tan finas como sea posible. Mezclarlas con un poco de mantequilla hasta formar una masa.
- Colocar una capa de este puré de zanahorias sobre las rebanadas de pan. Decorarlo con las tiras enrolladas en espiral. Servir con verduras hervidas que queden crujientes.

Canapés de pepino

Los canapés constituyen una forma original de presentar las verduras. Son decorativos y su composición puede variar según la estación del año.

Ingredientes por persona:

1 trozo pequeño de pepino
1 nabo

1 cucharada de aceite de oliva
2 aceitunas

Preparación:

- Elegir un pepino bastante delgado, pelarlo, cortarlo por la mitad y quitar el centro.
- Rellenar cada mitad con el nabo rallado y adornar con las aceitunas.
- Sazonar con un poco de aceite y espolvorear con cebollino.

Pastel de verduras

El pastel de verduras es un plato delicioso, pero de preparación bastante laboriosa. A los niños generalmente les gusta mucho y se comen las verduras que contiene sin problemas.

Ingredientes para 8 personas:

350 gramos de harina
80 gramos de grasa vegetal
20 gramos de queso gruyère rallado
$^1/_2$ vaso de agua
unos 700 gramos de verduras del tiempo, por ejemplo, zanahorias, acelgas, coles, puerros, cebollas, judías verdes, coliflor...

Preparación:

- Preparar una masa quebrada, cortar las verduras en dados pequeños, cocerlas a fuego lento con un poco de agua; deben quedar crujientes.
- Colocar las verduras sobre la masa extendida sobre un molde.
- Cubrir con masa dejando un orificio. Si se desea, se pueden espolvorear las verduras con gruyère rallado y untar la masa con una yema de huevo.

Masa quebrada para tarta

Para una tartera de 27 cm; incluye la guarnición de la tarta.

Ingredientes para 6 personas:

200 mililitros de agua caliente
2 cucharadas de aceite
500 gramos de harina integral

Preparación:

- Mezclar bien los ingredientes. Dejar descansar la masa durante una hora. Extender con el rodillo hasta los 3 o 5 milímetros de grosor. Cubrir el molde con la masa marcando los dibujos con los dedos.
- Para hornear la masa sin relleno, cubrirla con judías secas o con piedrecitas especiales para este uso, a fin de que los bordes no se caigan.

Hoja de col rellena

Aunque su realización es bastante laboriosa, el truco de este plato es la presentación. Se sirve precedido de crudités variadas.

Ingredientes por persona:

1 hoja de col
1 nabo
1 zanahoria
1 trozo de remolacha cruda
3 aceitunas
1 cucharada de aceite de oliva
una ramita de perejil picado

Preparación:

- Hervir la hoja de col para ablandarla. Rallar las verduras; sazonarlas con aceite de oliva, añadir el perejil finamente picado y las aceitunas deshuesadas. Verter la mezcla sobre la hoja de col y cerrarla con un palillo como si fuera un paquete. Servir cada paquetito individual sobre una base de berros o ensalada verde.

Ensalada de arroz integral con verduras

Ingredientes por persona:

100 gramos de arroz
3 cebollas pequeñas
1 puerro pequeño
cebollino
1 cucharada de aceite de oliva

Preparación:

- Cocer el arroz. Cortar el puerro en tiras finas y picar las cebollas. Cocerlos unos minutos al vapor para eliminar los ácidos indigestos.
- Añadirlo todo al arroz sazonado con el aceite de oliva y espolvorear con el cebollino.

Empanadillas de arroz integral con verduras

Ingredientes para 4 personas:

300 gramos de masa para tarta o de hojaldre
250 gramos de arroz integral
1 cebolla
unas ramitas de perejil o estragón

Preparación:

- Extender la masa en forma de una gran lámina delgada pero resistente. Formar redondeles con la ayuda de un vaso o bol. Picar el perejil, el estragón y la cebolla. Mezclarlos con el arroz hervido. Repartir este relleno sobre los redondeles de masa. Plegarlos por la mitad para cerrar la empanadilla. Aplastar los bordes con un tenedor.

- Colocar sobre una placa de horno y hornear durante treinta y cinco a cuarenta y cinco minutos.
- Servir con cruditès o una ensalada verde.

Mijo con zanahorias

El mijo es un cereal con un contenido en proteínas equilibrado en aminoácidos esenciales. Es rico en vitaminas y sales minerales.

Ingredientes por persona:

4 cucharadas de sopa de mijo
100 gramos de zanahorias
2 cebollas

Preparación:

- Hervir las zanahorias cortadas en rodajas junto con las cebollas (deben quedar crujientes). Hervir el mijo en 2 veces su volumen de agua. Colocar el mijo en un plato al horno. Añadir las verduras en el momento de servir.

El mijo (receta base)

Ingredientes para 4 personas:

400 gramos de mijo
$^{1}/_{5}$ del volumen del mijo de agua fría

Preparación:

- Lavar el mijo. Ponerlo en una cacerola de fondo muy grueso con agua y llevarlo a ebullición. Cuando rompa a hervir, bajar el fuego, cubrir la cacerola y dejar cocer durante quince a veinte minutos a fuego lento. No remover.
- Retirar del fuego y dejar que se hinche durante unos minutos más con la cacerola tapada. Terminar de secar el mijo vertiéndolo en un plato resistente al hor-

no y hornearlo durante unos minutos a fuego suave, con la puerta del horno un poco abierta.

- Proceder de la misma manera con todos los cereales para facilitar la salivación y la digestión. En efecto, las moléculas de agua representan un obstáculo para la acción de la amilasa salival.

Paté de aceitunas negras sin cocción

Las aceitunas entran en la clasificación de los lípidos y constituyen una fuente de lípidos vegetales. Las aceitunas verdes se recogen antes de que lleguen a madurar, en cambio las negras ya están maduras. Aportan una nota de color a numerosos platos y son decorativas.

El aceite de oliva debe consumirse con moderación por su alta concentración en lípidos (99,95 %) y su alto contenido calórico. Las aceitunas sustituyen con ventaja al aceite en todo tipo de ensaladas. Son alcalinizantes.

Ingredientes:

2 cebollas pequeñas
perejil
40 gramos de grasa vegetal
70 gramos de pan integral
15 aceitunas negras

Preparación:

- Picar los ingredientes y mezclarlos con la ayuda de un tenedor. Untar una rebanada.

Paté vegetal (con cocción)

Ingredientes:

80 gramos de grasa vegetal
500 gramos de puerros cortados en rodajas finas

500 gramos de champiñones
3 cebollas grandes cortadas finas
200 gramos de pan integral
2 huevos

Preparación:

- Hervir los puerros, los champiñones y las cebollas al vapor. Poner el pan integral en remojo hasta que quede blando.
- Escurrirlo con las manos. Añadir la grasa vegetal al pan, después las verduras hervidas, un huevo entero y una yema.
- Colocar en un molde y hornear durante una hora. Servir con una ensalada verde o crudités variadas.

Pasta de zanahorias y pasta de berros

Estas dos recetas pueden adornar un plato de verduras crujientes. La mantequilla contiene de un 85 a un 90 % de grasa pura, y de un 10 a un 15 % de agua y vitaminas A y D. Su valor calórico es de 740 kilocalorías por 100 gramos. Es muy rica en ácidos grasos saturados; contiene un 5 % de ácido linoleico, un ácido graso esencial muy importante en el período de crecimiento.

Sus ácidos grasos son de cadena corta, fáciles de metabolizar.

Es un alimento de compromiso. Además es acidificante. Tiene que consumirse con moderación, al igual que todos los alimentos concentrados.

Pasta de zanahorias

Ingredientes:

50 gramos de mantequilla o grasa vegetal
2 cucharadas de zanahorias ralladas
10 aceitunas
1 cucharadita de café de perejil picado

Preparación:

- Rallar las zanahorias bien finas, triturarlas y deshuesar las aceitunas. Mezclar con la mantequilla y amasar unos minutos.
- Espolvorear las tostadas con un poco de perejil.

Pasta de berros

Ingredientes para 6 personas:

un poco de perifollo, estragón, perejil y cebollino
un puñado de berros limpios
125 gramos de mantequilla o grasa vegetal

Preparación:

- Picar los berros y mezclar con la mantequilla. Añadir el perifollo, el estragón y el cebollino. A continuación, amasar.
- Espolvorear con un poco de perejil.

Ensalada de espárragos verdes

El espárrago es un vegetal diurético, que estimula los riñones. Debe consumirse con prudencia. Es rico en vitamina A y manganeso.

Ingredientes para 6 personas:

1 escarola
1 bote de rábanos
1 pepino pequeño
1 kilo de espárragos finos
2 cucharadas de aceite de oliva (20 gramos)

Preparación:

- Raspar los espárragos sin romperlos, cortar un poco su extremo inferior y lavarlos; ponerlos a hervir evitando el fuego fuerte, que podría romper las puntas; éstas deben cocer junto con el tallo. No dejarlos hervir demasiado. Preparar la escarola, los rábanos y el pepino.

Presentación:

- Disponer en el centro de una fuente grande los espárragos y colocar la escarola alrededor; sobre la escarola, distribuir el pepino cortado en rodajas finas y finalmente los rábanos, que aportarán una nota de color. Sazonar con el aceite de oliva.

Ensalada de germen de soja

Ingredientes por persona:

1 bol pequeño de soja germinada
6 aceitunas negras
1 zanahoria
6 rábanos rojos
1 cucharadita de postre de aceite de oliva

Preparación:

- Mezclar el germen de soja, las aceitunas cortadas en dos y los rábanos cortados por la mitad. Rallar las zanahorias en el momento de servir. Sazonar con el aceite de oliva.

Germen de soja

Poner la soja en remojo durante veinticuatro horas, después colocarla en un plato hondo sobre una capa de un milímetro de agua. Tapar con otro plato y dejarlo a una temperatura de 18 a 20 grados centígrados. Añadir un poco de agua a diario. Los germinados se consumen, después de aclararlos con agua, hacia el cuarto día, cuando tienen 2 o 3 cm. No debe retirarse lo que queda del grano de soja, se consume todo.

Ensalada de hierba de los canónigos con germen de trigo

Ingredientes por persona:

1 puñado de hierba de los canónigos
1 zanahoria

20 gramos de germen de trigo
1 cucharadita de postre de aceite de germen de trigo

Preparación:

- Lavar la hierba de los canónigos con agua hasta que no quede tierra en el recipiente. Escurrir y secar cada planta con un trapo. Si la mata es demasiado grande, cortarla en cuatro trozos. En una ensaladera, colocar la zanahoria rallada, el germen de trigo y el aceite de germen de trigo. Poner la hierba de los canónigos encima. Mezclar en el momento de servir.

Germen de trigo

Colocar el trigo en un bol con agua tibia y dejarlo en remojo durante veinticuatro horas. A continuación, escurrirlo y ponerlo en un recipiente hondo, manteniéndolo siempre húmedo. Es muy importante escurrirlo todos los días. Los granos deben germinar en tres o cuatro días (en verano a veces lo hacen en dos días).

Cuando el trigo empieza a germinar, aparece un pequeño puntito blanco. Entonces, ya se puede consumir, o bien mezclado en un plato de crudités, o bien solo.

Es un complemento rico en vitaminas y oligoelementos. Debe utilizarse de forma esporádica, por ejemplo, tres días a la semana a razón de una cucharadita de café al día.

En los países en que se dispone de verduras frescas durante todo el año, el trigo u otros germinados se utilizan sólo a modo de alimento complementario, del cual no hay que abusar. Es un concentrado natural de minerales y vitaminas muy adecuado para personas que hacen esfuerzos importantes y continuados. Sin embargo, el organismo debe hacer el esfuerzo de digerir el almidón que contiene el grano de trigo. Esto es nefasto para los organismos fatigados y contribuye al nerviosismo.

Verduras gratinadas

Ingredientes para 4 personas:

Verduras variadas: 800 gramos de zanahorias, coliflor, puerros, acelgas...

200 gramos de queso gruyère rallado

Preparación:

- Hervir las verduras (deben quedar crujientes). Ponerlas en un plato y espolvorearlas con el queso rallado. Hornearlas. Evitar que el gruyère se chamusque porque se descompone, simplemente debe fundirse conservando su sabor.

Judías verdes con perejil

Ingredientes por persona:

250 a 300 gramos de judías verdes

1 puñado de perejil

10 gramos de mantequilla o aceite de oliva

Preparación:

- Cocer levemente las judías al vapor. Fundir la mantequilla al baño maría y añadir el perejil picado. Servir inmediatamente. Se puede proceder de la misma manera con zanahorias o calabacines. Se usa para acompañar los platos de cereales.

OTRAS OBRAS DEL AUTOR

Clave de nutrición, compatibilidades, asociaciones y modulaciones. Ed. Ibis.
Ayuno y salud. Autoeditado.
La biorrespiración. Autoeditado.
Las fuentes de la alimentación humana. Autoeditado.
Los fundamentos de la higiene vital. Autoeditado.

Las autoediciones anteriores las promovió la Asociación Puertas Abiertas, de André Torcque, ya fallecido. Es posible que la Coordinadora de Higiene Vital, cuya dirección postal es Apartado de Correos 67, 05480 Candeleda (Ávila), pueda dar razón de cómo obtenerlas. Los siguientes títulos parece que aún no se hallan traducidos:

- *Renaître par le souffle,* Editions Jouvence, 1994. 7, ch. des Fraisiers, CH-1212 Grand-Lancy/Genève (Suiza).
- *Caractères, forme et santé,* Editions Dangles, 1987. 18, rue Lavoisier, F-45800 St. Jean de Braye (Francia).
- *Compatibilités alimentaires,* Editions Nature et Vie, 1986.
- *Les defs de la revitalisation,* Editions Nature et Vie, 1985.

Désiré Mérien es profesor de biología, psicohigienista y director del Centro terapéutico Nature et Vie (8, Impasse des Roitelets. F-56270 Ploemeur, Bretagne Sud, Francia). *Nature et Vie* también es el nombre de una revista trimestral de información higienista, fundada en 1970.

OTROS TÍTULOS DE ESTA COLECCIÓN

Controlar el colesterol

Controlar la sal

¿Qué es la medicina natural?

Las curas de otoño

La combinación de los alimentos

Los germinados en la alimentación

Cómo cura el limón

Cómo cura la cebolla

Cómo cura la miel

Cómo cura el ajo

Calorías, vitaminas y minerales